BEI GRIN MACHT SICH IHR WISSEN BEZAHLT

- Wir veröffentlichen Ihre Hausarbeit, Bachelor- und Masterarbeit

- Ihr eigenes eBook und Buch - weltweit in allen wichtigen Shops

- Verdienen Sie an jedem Verkauf

Jetzt bei www.GRIN.com hochladen und kostenlos publizieren

GRIN

Vanessa Gabrysch

Functional Food. Ausdruck des gesellschaftlichen Wandels in Deutschland

GRIN Verlag

Bibliografische Information der Deutschen Nationalbibliothek:

Die Deutsche Bibliothek verzeichnet diese Publikation in der Deutschen National-
bibliografie; detaillierte bibliografische Daten sind im Internet über http://dnb.d-
nb.de/ abrufbar.

Impressum:

Copyright © 2011 GRIN Verlag GmbH
Druck und Bindung: Books on Demand GmbH, Norderstedt Germany
ISBN: 978-3-656-37348-3

Dieses Buch bei GRIN:

http://www.grin.com/de/e-book/209550/functional-food-ausdruck-des-gesellschaft-
lichen-wandels-in-deutschland

Pädagogische Hochschule Heidelberg
BA Gesundheitsförderung
Seminar: Ernährung, Bewegung und Stressbewältigung im gesellschaftlichen Wandel

SS 10/11
Datum: 12.09.2011

Functional Food

Ausdruck des gesellschaftlichen Wandels in Deutschland

Vanessa Gabrysch

Hausarbeit

<u>**1. Einleitung**</u>

Ernährung ist nichtmehr das, was es früher einmal war. Sie ist nichtmehr nur Methode, um den Körper mit lebenswichtigen Nährstoffen zu erhalten, sondern geht über die schlichte Bedeutung des Wortes an sich hinaus. Ernährungsweisen und Nahrungsangebot stehen stets in Zusammenhang mit der Gesellschaft, deren Bedürfnissen und Zielen.

Diese Arbeit beschäftigt sich mit einem Bereich der Ernährung, der erst in den letzten Jahren in Deutschland bekannt wurde. Es geht um Functional Food. Funktionelle Lebensmittel, die der Gesundheit zuträglich sein sollen, Produkte, die den Körper heilen und den Geist glücklich machen können. Dabei ist für diese Arbeit natürlich zum Einen von Interesse, was Functional Food sein soll, woher es stammt und welche Produkte dazu gehören. Doch nicht nur die bloße Beschreibung und Aufzählung, sondern die Bedeutung von diesen Lebensmitteln für die Gesellschaft sowie die Bedingungen der Gesellschaft, die eine solche Entwicklung der Nahrungsproduktion zulassen sind für diese Arbeit bedeutend. Beim Gang durch deutsche Lebensmittelmärkte stellt sich mir nämlich immer wieder die Frage, wer denn eigentlich Produkte wie „Yakult" oder „Aktivia" kauft, ob die versprochenen gesundheitlichen Nutzen Tatsache oder nur Verkaufstricks der Lebensmittelhersteller sind und wie sich Produkte, die Gesundheit versprechen, überhaupt auf unseren Markt bringen und halten konnten. Warum entstehen solche Produkte gerade bei uns? Weshalb sind besonders „Fitness" und „Gesundheit" anscheinend so wichtig geworden in unserer Ernährungswelt?

Um diese Frage beantworten zu können, stelle ich zunächst Functional Food als Begriff vor, eine kurze Einführung in das Thema soll Aufschluss über Definition, rechtliche Situation und Produktzielsetzungen geben. Da der Zusammenhang zwischen Gesellschaft und Ernährung geklärt werden soll und vor allem der Vergleich zu früheren gesellschaftlichen Formen, stellt Kapitel 3 den Wandel der Gesellschaft in Deutschland dar, bezogen auf die mir am wichtigsten erschienenen Einflussfaktoren für funktionelle Lebensmittel, und zwar den technischen Fortschritt, die Industrialisierung und deren Einfluss auf die Lebensmittelproduktion, dann die Arbeitswelt, die sich durch ihren Wandel auch auf die Ernährungsweisen auswirkt, den demografischen Wandel, der für Deutschland von immer größerer Bedeutung wird und auf die Gesellschaftsstruktur einwirkt und schließlich die Bedeutung des Körpers für die Menschen, da Körper und Nahrung eine untrennbare Einheit bilden und dargestellt werden muss, in wie weit das eine vom anderen bedingt wird.

Ist geklärt, wie sich der gesellschaftliche Wandel ausdrückt, gehe ich auf einzelne Produkte ein, die ich in einem Supermarkt gefunden habe, ordne sie in den Kontext und werde versuchen, Erklärungen und Sinnstrukturen zu finden, die mit der Gesellschaft zusammenhängen.

Mit Kapitel 5 folgt eine kurze Bewertung, soweit möglich, über die Produktwirkungen und darüber, wie funktionelle Lebensmittel für die Gesundheitsförderung einzuordnen sind. Das Fazit und der Ausblick sollen am Ende der Arbeit nochmal kompakt zusammenfassen und die Frage nach dem Zusammenhang des gesellschaftlichen Wandels und der funktionellen Lebensmittel klären.

Das Thema ist für die Gesundheitsförderung von großer Bedeutung, nicht nur wegen der möglichen Einflussmaßnahmen auf das Individuum mit den Lebensmitteln selbst, sondern aufgrund des Verständnisses, dass Gesellschaft und Ernährung nicht zu trennen und damit als Ganzes zu sehen und auch zu fördern sind.

2. Functional Food

2.1 Definition

Zunächst einmal muss geklärt werden, wobei es sich bei dem Begriff Functional Food überhaupt handelt. Was genau ist damit gemeint? Welche Produkte können dazugezählt werden? Bei uns in Deutschland ist meist der Begriff der funktionellen Lebensmittel, englisch „Functional Food" zu lesen. Aber manchmal werden auch Begriffe wie prescriptive foods, medical foods, nutracenticals, pharmafoods, healthy foods oder hypernutrious foods verwendet, wobei nicht immer von ein und derselben Sache die Rede ist (Menrad, Menrad & Beer-Borst, 2000, S. 13, und Spiekermann 2001, S. 3) . Eine allgemeine und international gültige Definition funktioneller Lebensmittel ist nämlich bis heute noch nicht entstanden. Lediglich im Ursprungsland Japan existiert seit dem Jahr 1991 eine gesetzliche Grundlage für diese spezielle Lebensmittelkategorie. Dort werden alle verarbeiteten Lebensmittel, die in Ergänzung zu den ernährungsphysiologischen Eigenschaften spezifische Körperfunktionen anregen, unter der Gruppe der „Food of Specific Health Use", kurz FOSHU, zusammengefasst. Diese FOSHU-Produkte müssen „echte" Lebensmittel sein, aus natürlich vorkommenden Zutaten bestehen und können beziehungsweise sollen Teil der täglichen Nahrung darstellen (ebd., S. 14). Zudem unterliegen sie einem staatlichen

Zulassungsverfahren und müssen durch wissenschaftliche Studien ihre

gesundheitsförderlichen Wirkungen nachweisen (Rechkemmer 2001, S. 43).

In den USA definiert das Institute of Medicine der National Academy of Science den Begriff

etwas anders. Hier wird von Functional Food gesprochen, sobald ein oder mehrere

Inhaltsstoffe eines Nahrungsmittels modifiziert sind, um deren Beitrag zu einer gesunden

Ernährung zu verbessern (Menrad, Menrad & Beer-Borst, 2000, S. 14).

Im Gegensatz zur japanischen Definition können hierzu auch Produkte zählen, die nicht

„natürlich" sind, sondern synthetisch hergestellt und den Produkten zugesetzt wurden. In

den USA wird sogar bei zusätzlich eingenommenen Produkten wie beispielsweise

Vitamintabletten oft von Functional Food gesprochen (ebd. S. 16).

In Europa entwickelten verschiedene Wissenschaftler im Rahmen eines Projektes (Functional

Food Science in Europe, kurz FUFOSE-Projekt), das von der Europäischen Kommission

gefördert und vom International Life Science Institute (ILSI) in Brüssel koordiniert wurde,

eine Arbeitsdefinition des Begriffes Functional Food. Demnach können Lebensmittel als

Functional Food angesehen werden, „wenn hinreichend bewiesen ist, dass sie eine oder

mehrere Körperfunktionen so beeinflussen, dass davon positive Wirkungen auf den

Gesundheitszustand und das Wohlbefinden und/oder auf die Verringerung des

Erkrankungsrisikos ausgehen. Functional Food müssen Lebensmittel sein, [ ] die Wirkungen

müssen von solchen Mengen ausgeübt werden, die normalen Verzehrgewohnheiten

entsprechen. Sie sind keine Pillen oder Kapseln, sondern Bestandteil einer normalen

Ernährungsweise." (Übersetzung nach Spiekermann 2001, S. 5, Fußnote 12).

Zusätzlich zu dieser Arbeitsdefinition wurden fünf verschiedene Ansätze zur Herstellung

funktioneller Lebensmittel festgehalten:

Die *Entfernung* eines Lebensmittelbestandteils (wie z.B. bei lactosefreien Produkten), die

Erhöhung eines schon vorhandenen natürlichen Lebensmittelbestandteils auf Werte, die die

erwünschten Wirkungen auslösen (wie z.B. Multivitamin-Getränke mit erhöhtem

Vitamingehalt), das *Zusätzen* von nicht im Lebensmittel natürlich vorkommenden Stoffen,

die *Substitution* eines unerwünschten Lebensmittelbestandteils durch einen

ernährungsphysiologisch günstigeren (wie zB. Bei Fettaustausch-Produkten) sowie die

Verbesserung der Bioverfügbarkeit von Lebensmittelinhaltsstoffen mit günstigen gesund-

heitlichen Wirkungen (zB. Probiotische Milchdrinks) (ebd. S. 5).

Obwohl sich die verschiedenen Definitionen in manchen Ländern sehr unterscheiden (vgl. vor allem USA und Japan), gibt es doch auch Übereinstimmungen. Bei allen Definitionen wird deutlich, dass es sich bei Functional Food um eine Mischung aus Lebensmittel und Pharmazeutika handelt, von beiden Kategorien aber abzugrenzen sind und dass über den reinen Nähr- und Genusswert hinaus eine Verbesserung des individuellen Gesundheitszustandes bzw. die Verringerung eines Krankheitsrisikos hervorgerufen werden soll (Menrad, Menrad & Beer-Borst, 2000, S. 13).

Es fällt auf, wie unklar der Begriff der funktionellen Lebensmittel eigentlich ist. Besonders die verschiedenen ökonomischen und rechtlichen Bedingungen der einzelnen Nationen machen eine einheitliche Definition des Begriffs Functional Food so schwierig. In einem Land wie Deutschland, wo eine strikte Abgrenzung zwischen Arzneimitteln und Nahrungsmitteln vorliegt, entstehen durch die zwei Seiten der Functional Food-Produkte zahlreiche Rechtsprobleme (Spiekermann 2001, S. 6). Hierzulande muss auch unbedingt auf Aussagen der Produktwerbungen geachtet werden, da Verbraucherschutz in Deutschland großgeschrieben wird.
Eine allgemein und international gültige, klare Definition für diese neue Lebensmittelkategorie scheint mehr als notwendig, um damit vernünftig arbeiten und darüber forschen zu können, allerdings bietet die aktuelle Unklarheit darüber für die Herstellung und Vermarktung mehr Raum als eine klare juristische Definition, was möglicherweise auch ein Grund dafür ist, dass eine allgemeingültige Definition bis jetzt noch nicht entwickelt wurde.

Im weiteren Verlauf der Arbeit werde ich mich bei dem Begriff Functional Food auf die Arbeitsdefinition des FUFOSE-Projektes beziehen, da diese in Europa entwickelt und benutzt wurde und mir persönlich als am sinnvollsten erscheint, wobei eine Wertung der Definitionen an sich nicht möglich ist.

2.2 Entwicklung und rechtliche Grundlagen in Deutschland

Wie schon in Kapitel 2.1 erwähnt, hat das Functional Food seine Wurzeln in Japan, wo in den 1980er Jahren das FOSHU-Konzept erarbeitet und 1991 in einer Definition festgehalten wurde. Laut der Niederschrift der schweizer Studie „Technology Assessment – Functional

Food" kann man annehmen, dass das ohnehin große Vertrauen in natürliche Heilmittel und der Glaube an eine positive Wirkung der Nahrung auf die Gesundheit in den asiatischen Kulturen der ausschlaggebende Anreiz für eine Entwicklung und auch Definition gesundheitsförderlicher Produkte war.

Dieses Konzept gelangte Anfang der 1990er Jahre in die USA, wo es auf großes Interesse stieß, allerdings basierend auf dem Bestehen einer Fitnesswelle, auf der die USA zu dieser Zeit schwamm (Menrad, Menrad & Beer-Borst, 2000, S. 16). Dort ergriff die Lebensmittelindustrie schnell die Chance und produzierte eine Vielzahl von neuen funktionellen Lebensmitteln, das FOSHU-Konzept ausweitend auf synthetisch hergestellte Zusatzstoffe und auch Reduktionen, wie sie beispielsweise bei fettreduzierten Diätprodukten angewandt werden (Spiekermann 2001, S. 5).

Zur gleichen Zeit der Entwicklung in den USA gelangte der Gedanke von funktionellen Lebensmitteln mit gesundheitlichem Zusatznutzen auch nach Europa, wo sich, wie zuvor schon erwähnt, das Wissenschaftlerteam des FUFOSE-Projektes auf die Arbeitsdefinition einigte und die 5 verschiedenen Herstellungsmethoden für Functional Food identifizierte.

Durch die Angebotsentwicklung solcher funktioneller Lebensmittel und den schnellen Wachstum dieser Wirtschaftsbranche ergaben sich in Deutschland allerdings schnell Probleme, da bis heute aufgrund des Fehlens einer klaren Definition dieser Produkte auch eine klare rechtliche Regelung fehlt. Dies bedeutet jedoch nicht, dass man unbeschränkt jedes Lebensmittel als Functional Food auf den Markt bringen und bewerben kann. Wie alle Lebensmittel unterliegen laut dem Bundesinstitut für Risikobewertung auch die funktionellen Lebensmittel den Regelungen der Lebensmittelkennzeichnung und des Lebensmittel-, Bedarfsgegenstände- und Futtermittelgesetzbuches (LFGB) und seit 1997 der Novel-Food-Verordnung, die ein Zulassungsverfahren für neuartige Lebensmittel vorschreibt. Eine Zulassung kann ein neues Produkt nur dann erhalten, wenn die Untersuchung eindeutig die gesundheitliche Unbedenklichkeit belegt (nach Methfessel 2011). Im Zusammenhang mit Substitutionen von Inhaltsstoffen kann auch die Diät-Verordnung greifen.

Eine weitere für Functional Food und dessen Werbung sehr wichtige Regelung ist die so genannte "Health-Claims-Verordnung", die seit dem 1. Juli 2007 in der gesamten Europäischen Union gilt und die gesundheitsrelevanten Aussagen (engl. Health claims) in der Werbung der Produkte überwacht (AOK).

<u>2.3 Zielfunktionen und Inhaltsstoffe</u>

Die Auswahl an Lebensmitteln, die eine Verbesserung der Gesundheit oder eine Vermeidung einer bestimmten Krankheit versprechen, ist groß. Im Großen und Ganzen kann man dabei immer wieder folgende Bereiche des Körpers und Kreislaufes finden, die durch das Functional Food beeinflusst werden sollen:

Physiologische Bereiche wie der *Magen-Darm-Trakt, die Abwehr reaktiver Oxidantien, das Herz-Kreislauf-System, die Knochengesundheit, der Stoffwechsel von Makronährstoffen, das Wachstum, die Entwicklung und die Differenzierung*, aber auch psychische Bereiche wie die *Stimmung, das Verhalten und die geistige und körperliche Leistungsfähigkeit* (Menrad, Menrad & Beer-Borst, 2000, S.21). Diese unterschiedlichen Wirkungen sollen durch bestimmte Bestandteile beziehungsweise durch Substitution, Veränderung oder Addition ebendieser hervorgerufen werden. Die Hauptgruppen dieser Stoffe sind:

Pro- und Präbiotika, Antioxidantien, Sekundäre Pflanzeninhaltsstoffe, strukturierte Lipide, mehrfach ungesättigte Fettsäuren, Fettersatz- und Austauschstoffe, bioaktive Lipide, Mineralstoffe und Vitamine (Menrad, Menrad & Beer-Borst, 2000, S. 33).

Im Laufe der weiteren Arbeit werde ich auf einzelne Zusatzstoffe oder deren Wirkungen näher eingehen, sobald dies zum Verständnis meiner Ausführungen nötig ist. Für detaillierte Definitionen, Wirkungen und Herstellungsverfahren empfehle ich die Studie des schweizerischen Wissenschafts- und Technologierats vom Fraunhofer-Institut für Systemtechnik und Innovationsforschung, da ein solch genaues Eingehen auf die einzelnen Produkte für diese Arbeit von zweitrangiger Bedeutung ist.

3. Gesellschaftlicher Wandel und funktionelle Lebensmittel

Um der Frage auf den Grund gehen zu können, in wie weit Functional Food ein Ausdruck des gesellschaftlichen Wandels, der Veränderung der Arbeits- und Lebenswelt in Deutschland ist, ist es nötig, zunächst einmal darzustellen, wie sich dieser Wandel ausdrückt.

Was hat sich verändert? Wie war unsere Gesellschaft früher und wie kann man sie heute beschreiben?

Konsumgesellschaft, Wohlstandsgesellschaft, Wegwerfgesellschaft, Industriegesellschaft, Erlebnisgesellschaft, Dienstleistungsgesellschaft- all diese Begriffe hört man ständig, wenn es darum geht, die soziale Gesellschaftsstruktur Deutschlands zu beschreiben. Zudem rückt der demografische Wandel immer mehr in den Mittelpunkt der Beschreibungen, denn laut der

Bundeszentrale für politische Bildung soll der Anteil der über 60jährigen Menschen in Deutschland von 25,9% (im Jahr 2009) auf ganze 39,2% im Jahr 2060 steigen (bpb über Statistisches Bundesamt: Lange Reihen: Bevölkerung nach Altersgruppen, 12. koordinierte Bevölkerungsvorausberechnung: Bevölkerung Deutschlands bis 2060).

Der wichtigste Grundrahmen für die Lebensmittelentwicklung ist die Wirtschaft und der technische Fortschritt, darum beginnt dieses Kapitel mit dem Thema der Industrialisierung. Bedingt durch den technischen Fortschritt hat sich auch die Arbeitswelt im Allgemeinen verändert, weshalb ich hierauf als zweites eingehen werde. Auch die demografische Veränderung Deutschlands greift immer mehr in die Gesellschaftstruktur ein und kann so die Wirtschaft und deren Warenangebot beeinflussen, weshalb dies ein weiteres Thema ist, das ich in diesem Kapitel kurz ansprechen möchte. Das Kapitel wird abgeschlossen von der Frage nach dem Wandel des Körperwertes unserer Gesellschaft, der einen wesentlichen Einflussfaktor auf die Ernährung und Lebensmittelproduktion darstellt.

3.1 Industrialisierung, technischer Fortschritt und Lebensmittelindustrie

Wie schon erwähnt lohnt es sich zunächst einen Blick auf die wirtschaftliche und technologische Entwicklung Deutschlands zu werfen, wobei die großen, strukturellen Entwicklungen stärker hervorgehoben werden sollen als einzelne, spezifische Erfindungen. Durch die Industrialisierung in Deutschland, die Ende des 18. Jahrhunderts begann, veränderte sich das Leben der Bevölkerung grundlegend. Die Menschen zogen von den Höfen auf dem Land in die Städte (Urbanisierung), immer mehr Fabriken wurden gebaut und Arbeiter eingestellt. Die Arbeit in solchen Fabriken hatte großen Einfluss auf die Ernährung: Der Alltag wurde nunmehr von den Schichtarbeitszeiten bestimmt, die Zeit wurde aufgeteilt in Arbeit und Freizeit und das Essen musste schnell und sättigend sein. Nicht nur die Ernährungsgewohnheiten der Familien und Haushalte änderten sich. Da in den Städten das Anlegen eines eigenen Gartens nicht nur nahezu unmöglich aufgrund der Wohn- und Umweltverhältnisse war, sondern ebenso zu zeitaufwändig gewesen wäre, waren die Arbeiterfamilien fortan von den Lebensmittelmärkten abhängig, die sich in den Städten rasch verbreiteten; Lebensmittel wurden zu einem ausbaufähigen Markt für die Wirtschaft. Und deren Angebot stieg. Immer mehr Produkte, immer ausgefallenere Waren konnte man sich nun kaufen, immer unabhängiger von Erntezeiten und Schlachtterminen, die in der

Agrargesellschaft noch das Nahrungsangebot bestimmten (vgl. Furtmayr-Schuh 1993, S. 34 – S. 36).

Eine weitere Entwicklung bestimmte ebendieses Warenangebot entscheidend: die Modernisierung und der technologische Fortschritt der (Lebensmittel-)Industrie und Produktion. Neue Arten der Energienutzung und –gewinnung wie zum Beispiel die Koksöfen zu Beginn des 19. Jahrhunderts, neu erfundene Maschinen wie beispielsweise die Dampfmaschine von James Watt und die wachsenden Märkte in Deutschland ermöglichten eine schnellere, effektivere und vielseitigere Produktion, eben auch im Lebensmittelbereich (vgl. Geißler 2011, S. 23). Lebensmittel konnten in Massen produziert, durch Weiterentwicklung von Konservierungsmethoden länger haltbar gemacht und durch das expandierende Transportwesen dorthin gebracht werden, wo es diese früher nicht gab. Eine Entzeitlichung fand statt, Lebensmittel waren nichtmehr saisonal bestimmt zu ernten oder mussten nichtmehr gleich verspeist oder verarbeitet werden (Prahl, Setzwein 1999, S. 181). Auch die Möglichkeit der Konservierung der Lebensmittel, die sich aufgrund des staatlichen Interesses an einer ausreichenden Ernährung und Versorgung der Soldaten im Krieg stark entwickelte, trieb die Weiterentwicklung der Lebensmittelmärke voran und brachte so letztendlich das sogenannte Convenience Food auf den Markt, das nach dem 2. Weltkrieg zu Zeiten des Wirtschaftsaufschwunges den Menschen mehr Bequemlichkeit und Zeitersparnis bringen sollte (vgl. ebd. S. 184). Als Convenience Food werden schon vorgefertigte Lebensmittel wie Tiefkühlgerichte, geputzter und geschnittener Salat in der Tüte oder abgepackte fertige Lasagne, aber auch Nudeln oder Mayonnaise bezeichnet, die hauptsächlich zur Zeit- und Aufwandeinsparung des Verbrauchers führen sollen (vgl. Prahl, Setzwein 1999 S. 185 und BZgA Gut Drauf- Magazin 2004 S. 4). Mit der Emanzipation und der steigenden Erwerbstätigkeit der Frauen der Bevölkerung und dem immer größer werdenden Angebot an technischen Haushaltsgeräten wie dem Gefrierschrank oder später der Mikrowelle, vergrößerte sich auch das Angebot an Convenience Food und tiefgefrorenen Fertiggerichten, die Zeit ersparen und individuelle Wünsche mehrerer Mitglieder eines Haushaltes berücksichtigen konnten.

Die immer größer werdende Warenlandschaft in den Lebensmittelmärkten und mittlerweile entstandenen Supermarktketten rief den Staat auf den Plan: er musste sich um den Verbraucherschutz und ausreichende Qualitätskontrollen kümmern. Dies führte zu einer

Verrechtlichung der Lebensmittel durch Normen, Standards, Regeln und Gesetze, wie sie schon in Kapitel 2.2 vorgestellt wurden (vgl. Prahl, Setzwein 1999 S. 182).

Eine weitere Auswirkung der Industrialisierung und der damit einhergehenden Modernisierung war die Verwissenschaftlichung der Ernährung.

Akademische Institutionen, lebensmittelchemische Untersuchungsanstalten und professionalisierte Ausbildungen waren Ausdruck dafür, dass sich für das Thema Ernährung und Essenverhalten Experten bildeten und fortan bestimmten, was gesund und was krank machte, was „richtige" oder „falsche" Ernährung darstellt (Prahl, Setzwein 1999 S. 182). Der Experte für die tägliche Ernährungsweise war nun nichtmehr der Konsument, also das Individuum selbst, sondern die Wissenschaft und deren Vertreter, die jedem Individuum und der Gesamtbevölkerung, übrigens bis heute, Empfehlungen geben über das „richtige" Essverhalten und die „richtigen" Lebensmittel.

Diese Entwicklung kann man zweifelsohne als positiv betrachten, da eine Unmenge an neuen Erkenntnissen über unsere Nahrung und ihre Wirkungsweisen entdeckt wurden, aber man kann auch negative Einflüsse auf den Menschen feststellen, da eigene Kompetenzen und Körperbedürfnisse eher missachtet werden und der Mensch sich immer weniger als „Experten seines eigenen Körpers" fühlt und sich immer mehr auf Aussagen und Empfehlungen anderer stützt.

Durch die technischen Fortschritte im Transportwesen und die Möglichkeiten der Globalisierung wird weiter eine Enträumlichung der Lebensmittel möglich. Lebensmittel sind heutzutage nichtmehr an den Ort der Ernte gebunden, in unseren Deutschen Märkten beispielsweise bekommt man Bananen aus Costa Rica, Ananas aus Brasilien und Kaffee aus Kolumbien, und das zu günstigen Preisen. Zu der Enträumlichung des Ernteortes kommt außerdem noch eine Verlagerung des Herstellungsortes: Tomaten beispielsweise wachen nichtmehr nur auf dem Feld, sondern in Gewächshäusern auf der ganzen Welt. Und weiter noch, Produkte wie „Becel pro-aktiv" oder andere angereicherte funktionelle Lebensmittel entstehen in Laboratorien, in Fabriken, wo sie erst zu dem gemacht werden, was sie sein sollen: Functional Food.

3.2 Arbeitswelt im Wandel

Die Autoren der Schader-Stiftung drücken es auf ihrer Internetseite treffend aus:

Arbeit ist in unserer heutigen Gesellschaft viel mehr als nur die Möglichkeit zum
Geldverdienen. Man möchte etwas tun, was einem auch Spaß macht, man will die Welt
verändern oder die Karriereleiter erklimmen, um sich selbst seinen Erfolg zu beweisen. Diese
Veränderung der Arbeitsbedeutung führt dazu, dass sich Arbeits- und Freizeitwelt immer
mehr miteinander vermischen, in Konkurrenz treten oder vereinen. Der sogenannte
„Normalarbeitstag", wie er bisher eigentlich weit verbreitet war, wird abgelöst vom
ständigen „Verfügbarsein" der Menschen für die Arbeit, sogar die eigenen vier Wände
werden zum Arbeitsort. Mit „Normalarbeitstag" ist gemeint, dass klar zwischen Arbeits-,
Pausen- und Freizeit unterschieden werden und man nach der Arbeit seinen Hobbies
nachgehen konnte. Nun herrschen oft keine regelmäßigen Arbeitszeiten mehr, Alltag und
Arbeit können nichtmehr so klar getrennt werden wie noch zuvor (Schader-Stiftung). Dies
verlangt von den Menschen eine große Flexibilität, ein gutes Zeitmanagement und auch eine
an die unregelmäßigen Arbeitszeiten angepasste Ernährung. Und nicht nur die Zeiten des
Essens müssen angepasst werden an diese neue, beschleunigte Arbeitswelt. Die gestiegenen
Anforderungen an Leistung und Verfügbarkeit führen dazu, dass immer mehr Menschen
leistungssteigernde oder stressreduzierende Lebensmittel verzehren. Energy drinks sollen
die Leistung während der Arbeitszeit erhöhen, Entspannungstees sollen nach (oder auch
schon während) der Arbeit den Körper und den Geist wieder beruhigen. Und nicht nur die
Zeitstruktur hat sich verändert: die Arbeitsstätten und Betriebe verändern sich durch die
fortschreitende Technisierung immer weiter hin zu Arbeitsplätzen, an denen die
Arbeitsschritte, die Bewegung, Handwerk oder körperliche Aktivität erfordern, von Robotern
und Maschinen erledigt werden und die Menschen lediglich noch dazu dienen, diese instand
zu halten und ab und zu einen Knopf zu betätigen. Die Berufe werden eher immer mehr
kopflastig, es müssen neue Marketing-Strategien ausgetüftelt werden, um auf dem großen
Weltmarkt konkurrenzfähig zu bleiben, es müssen Vertragspartner auf der ganzen Welt
miteinander in Kontakt treten, um die weltweiten Standorte der Firmen, die durch die
Globalisierung und das Outsourcen entstanden sind, miteinander zu vernetzen. Und all diese
Aufgaben, für die der Mensch immer noch unerlässlich ist, können prima vom bequemen
Bürosessel aus erledigt werden dank Internet, Telefon und Computer. Kein Wunder also,

dass die Zahlen von Übergewicht und anderen aus Bewegungsarmut bedingten Krankheiten in Deutschland zunehmen (vgl. Kapitel 4), selbstverständlich in Zusammenarbeit mit dem fortschreitenden Trend zum Konsum von Fast Food, wobei hier nicht nur das schnelle Essen, sondern vor allem die Qualität dieses Essens von Bedeutung ist. In Deutschland findet man als Fast Food-Anbieter hauptsächlich Ketten wie McDonalds oder Burgerking, aber auch eine Unzahl an Döner-, Pommes- und Wurstbuden sowie Crêpes-Stände. Es ist also ziemlich wahrscheinlich, dass sich ein Mensch, der schnell und unkompliziert etwas Sättigendes zu Essen haben möchte, einen Burger oder Döner holt und sich damit die Kalorien sehr schnell einverleibt. Dies scheint ein Teufelskreislauf zu sein, denn in den meisten Berufen ist oftmals nicht sehr viel Zeit, um ein Restaurant aufzusuchen und sich in Ruhe etwas Gutes zu Essen zu bestellen, da kann ich mich selbst als Paradebeispiel nennen. Während meines freiwilligen sozialen Jahres beim Arbeiter-Samariter-Bund hatte ich eine halbe Stunde Mittagspause, abzüglich der Zeit, die es gebraucht hat, sich umzuziehen und das Gebäude und Gelände überhaupt erst zu verlassen. Und die einzigen drei Möglichkeiten, die ich hatte, um mir etwas zu Essen zu besorgen waren eine Pommesbude fünf Gehminuten entfernt, ein Burgerking 7 Minuten entfernt und ein Griechisches Restaurant 15 Minuten entfernt. In dem einen Jahr nahm ich insgesamt 5 Kilo an Gewicht zu.

Die Veränderung der Arbeitswelt und der damit einhergehende Anstieg von Stress und Anforderung an Geist und Körper stellt eine gute Grundvoraussetzung für die Vermarktung von funktionellen Lebensmitteln dar, insbesondere für solche, die die Leistung steigern, das Wohlbefinden verbessern und Stress besser verkraftbar machen sollen.

3.3 Demografischer Wandel und Functional Food

Ein weiterer wichtiger Aspekt, der unsere Gesellschaft beschreibt, ist der demografische Wandel. Vom demografischen Wandel spricht man, wenn die Gesellschaft durch eine sinkende Geburtenrate und eine steigende Lebenserwartung der Menschen insgesamt im Durchschnitt älter wird (Geißler 2011, S. 41 ff).

Für die Betrachtung der Entwicklung der funktionellen Lebensmittel ist dieser Wandel von Interesse, da sich durch die Veränderung der Bevölkerung auch die Bedürfnisse und Bedarfe und somit die Lebensmittel-Nachfrage verändern.

Reiner Geißler beschreibt die Gründe für den Geburtenrückgang, indem er die 5 Hauptursachen nennt. Diese sind:

Der Funktions- und Strukturwandel der Familie:

Laut Geißler waren früher, hauptsächlich in Zeiten von Agrargesellschaft und Familienbetrieben, Kinder als Arbeitskräfte und Helfen wichtig. Zudem galten Kinder in früheren Zeiten als Altersvorsorge: Sie mussten sich um die Eltern finanziell und pflegerisch kümmern, sobald diese dies selbst nichtmehr konnten.

Heute geht die ökonomische Bedeutung von Kindern zurück. Der Staat sorgt mit Renten- und Pflegeversicherungen und Einrichtungen für pflegebedürftige Menschen größtenteils ausreichend für eine Altersversorgung, zudem gehen die Zahlen der Familienbetriebe zurück.

Die Emanzipation und Enthäuslichung der Frau.

Geißler beweist mit Daten des Bundesministeriums für Familie, Senioren, Frauen und Jugend, dass rund 44% aller westdeutschen Akademikerinnen im Alter von 35 bis 39 kinderlos sind und deutet damit auf den Wandel der Frauenrolle hin. Frauen sind immer mehr berufstätig, und da die Geschlechterrolle immer noch so verteilt zu sein scheint, dass sich die Frau als Mutter zuhause um den Nachwuchs kümmert und dafür nicht oder nur bedingt berufstätig ist, entscheiden sich viele Frauen für die Karriere anstatt für Kinder.

Der Mangel an Kinderbetreuungsplätzen:

Geißler nennt den Mangel an Plätzen in Kindergärten, Vorschulen und Nachmittagseinrichtungen als einen der Hauptgründe für eine Entscheidung gegen Nachwuchs beziehungsweise für eine Entscheidung mehrerer Kinder. Zudem kommt noch der Zweifel an der Qualität solcher Einrichtungen hinzu.

Konsumdenken und anspruchsvoller Lebensstil:

Hier wird der Begriff der Konsum- und Erlebnisgesellschaft angesprochen, wie die immer wieder zu lesen ist. Paare entscheiden sich immer öfter gegen Kinder, um ihren eigenen Lebensstandard halten und ungebunden und erlebnisorientiert Leben zu können. Dieser Lebensstil steht in einem Spannungsverhältnis mit der Verantwortung einer Familiengründung, sowohl finanziell als auch im Hinblick auf die Verantwortung der Erziehung und Fürsorge.

Die Strukturelle Rücksichtslosigkeit gegenüber Familien:

Hierbei kritisiert Geißler, wie wenig Rücksicht von der Gesellschaft auf Familien mit Kindern genommen wird. Der Staat sei viel zu sehr auf die Bedürfnisse der Erwachsenen ausgerichtet und ist somit sogar kontraproduktiv im Kampf gegen das Fehlen des Nachwuchses in

Deutschland und die damit einhergehende demografische Veränderung (vgl. Geißler 2011, S. 48).

Geißler nennt noch weitere Faktoren wie die Veränderung der Paarbeziehungsbedeutung oder der Individualisierung der einzelnen Personen, ist sich jedoch unklar über deren Gewichtung im Bezug zur Kinderentscheidung.

Das Steigen der durchschnittlichen Lebenserwartung der deutschen Bevölkerung ist laut Geißler auf den Fortschritt in der Medizin, der Krankheitsprävention, den Hygienestandards und der Unfallverhütung sowie auf die allgemeine Wohlstandssteigerung der Bevölkerung zurückzuführen. Dadurch sinkt die Säuglingssterblichkeit ebenso wie die Lebenserwartung steigt.

Diese demografischen Entwicklungen lassen vermuten, dass sich auch die Wirtschaft an den Veränderungen orientieren muss. Und da das höhere Alter häufig mit einer steigenden Zahl von Krankheit und Gebrechen einhergeht, ist anzunehmen, dass hier für Functional Food eine durchaus lukrative Marktsituation entstanden ist. Produkte, die vor Osteoporose oder Herzkrankheiten schützen sollen oder auf die speziellen Bedürfnisse von Diabetikern eingehen, könnten hier das Interesse der alternden Bevölkerung wecken. Laut „Diabetes Deutschland" sind ca. 16-23% der über 65-jährigen Bevölkerung von Diabetes betroffen, Dunkelziffer ausgenommen und Tendenz steigend. Die Apotheken-Umschau berichtet von ca. 8 Millionen Deutschen, die unter Osteoporose leiden und geht nach dem Statistischen Bundesamt davon aus, dass bis zum Jahre 2050 die durchschnittliche Lebenserwartung der Deutschen bei 83,5 Jahren liegen und sich damit die Zahl der Osteoporose-Patienten noch erhöhen wird. Die Ärzte-Zeitung zitiert die WHO (World Health Organisation) und stellt fest, dass die weltweit häufigste Todesursache im Jahr 2004 die Koronaren Herzkrankheiten wie zum Beispiel der Herzinfarkt waren, es starben rund 7,2 Millionen Menschen daran.

Da die fettarme und gesunde Ernährung einen extrem wichtigen Einflussfaktor für die Prävention dieser Erkrankungen darstellt, ist auch hier gut vorstellbar, dass funktionelle Lebensmittel auf diese Bedürfnisse eingehen und die alternde Gesellschaft mit Produkten, die Fettersatz oder Austauschstoffe enthalten, schützen könnten.

Geht man durch die Supermarktregale, stellt man fest, dass in dieser Produktkategorie schon reichlich Angebot herrscht. Da heißt es beispielsweise bei "Becel pro aktiv", dass der „Cholesterinspiegel aktiv gesenkt wird", und zwar durch den Zusatz von Pflanzensterinen, womit zuvor genannte Herzleiden vorgebeugt werden soll. Auch ein Brot namens „Keimling activ Brot" ist zu finden, das durch den Zusatz von Omega-3-Fettsäuren die Cholesterinaufnahme reduzieren und somit ebenfalls vor Herz-Kreislauf-Erkrankungen schützen soll.

Im Bereich der Osteoporose-Prävention ist noch mehr zu finden. Für einen gesunden Knochenumbau benötigt der Körper Vitamin D und Calcium, welches zweifelsohne praktisch über die Nahrung aufzunehmen ist. Mit zunehmendem Alter ab dem 30. Lebensjahr und vor allem bei Frauen nach der Menopause überwiegt der Knochenabbau gegenüber dem Knochenaufbau, der Knochen verliert an Dichte. Kommt es zu einer Knochendichte von unter 50%, spricht man von einer Osteoporose (nach Albert 2011). Nun gibt es eine Unmenge an Produkten, die mit Calcium und Vitamin D angereichert sind, beispielsweise Müsli, Fruchtsäfte oder Milchprodukte. Die Zielgruppen für mit Calcium angereicherte Lebensmittel sind hauptsächlich Frauen in der Schwangerschaft, Stillzeit und nach der Menopause, da diese einen erhöhten Calciumbedarf haben, aber auch Jugendliche, Kinder und junge Erwachsene, deren Knochendichte sich noch in der Aufbauphase befindet (Menrad, Menrad & Beer-Borst, 2000, S. 23). Doch auch Menschen fortgeschrittenen Alters könnten von den Calcium-Zusätzen profitieren und so ihre Knochengesundheit länger aufrechterhalten.

3.4 Gesellschaft, Körper und Ernährung

Der Bezug zum Körper selbst stellt einen wichtigen Entscheidungsträger zur Ernährung und Bewegung dar. Ulf Preuss-Lausitz beschreibt in seinem zugegeben etwas älteren aber keineswegs veralteten Text „Vom gepanzerten zum sinnstiftenden Körper" die Veränderung des Körperbezugs der Kinder und Jugend im Laufe der Zeit und im Zusammenhang mit der bestehenden Gesellschaft und dem Körper als physische Lebensgrundlage, als Lustobjekt und –Subjekt sowie als Träger sozialer Symbole wie Kleidungsstil oder Körperideale. Dabei unterscheidet er zwischen den Generationen der in den 1940er, 1950er und 1960er Jahren Geborenen, da diese Zeiten von speziellen wirtschaftlichen und sozialen Strukturen in Deutschland gekennzeichnet sind und somit einen deutlichen Unterschied im Körperumgang erkennen lassen. Auch Barbara Methfessel bezeichnet die Betrachtung der gesellschaftlichen Rahmenbedingungen als unumgänglich (Methfessel 2002, S. 33) wenn es darum geht, das Verhalten, in diesem Bezug das Ernährungsverhalten, und dessen epochale Veränderungen zu verstehen.

Während die 1940 geborenen Kinder- und Jugendkörper in den 1950er Jahren noch vom Wiederaufbau des Krieges und dem vorherrschenden Nahrungsmangel als physische Überlebensgrundlage und Arbeitskraft genutzt wurden, war die Sexualität zur selben Zeit etwas sehr Peinliches und wurde nur versteckt und auch dann nur mit schlechtem Gewissen erlebt. Die Eltern hatten aufgrund der Wiederaufbauphase und finanziellen Probleme kaum Zeit, sich um die Kinder zu kümmern, welche ihren Alltag mit Spielen in den Trümmern und dem heimlichen Kennenlernen ihrer und anderer Körper verbrachten. Sonntags jedoch zeigte sich die ersehnte Ordnung und „Reinheit" der Familie, indem der allwöchentliche Sonntagsspaziergang in akkurater Kleiderordnung und Sauberkeit der Kinder sowie der ganzen Familie gemacht wurde. Zu dieser Zeit war das Erleben des Körpers ein tabuisiertes Thema, die Hände hatten abends auf der Bettdecke zu liegen und von sexuellen Zusammenkünften oder körperlichen Erkundungsspielchen durfte niemals die Rede sein. Man kann sagen, dass der Körper zu dieser Zeit als das angesehen wurde, was er biologisch darstellt: die Grundlage zum Arbeiten und Überleben. Wie schon erwähnt, war das Thema der Ernährung dem reinen Überlebenssinn gewidmet, gegessen wurde, was da war und was man irgendwo stehlen oder durch Tausch erwerben konnte. Dadurch war der Körper einer strengen Disziplinierung unterworfen, der Hunger musste unterdrückt werden, die Arbeit trotz Müdigkeit und mangelnder Fitness erledigt werden.

Dies änderte sich in der Kindheit/Jugend der in den 1950er Jahren Geborenen sehr schnell. Die Aufbauphase neigte sich dem Ende zu, der wirtschaftliche Aufschwung durch den Anschluss an den internationalen Markt und den Ausbau des Transportwesens ermöglichte einen Wandel des Alltags. Der entstehende Wohlstand eröffnete den Menschen eine Welt des Konsums, des Reisens und, durch den technischen Fortschritt bedingt, einen Wandel der Körperbedeutung, denn harte körperliche Arbeit war in diesen Zeiten der Urbanisierung und Technisierung längst nichtmehr so verbreitet wie in den Zeiten der Agrargesellschaft und der Nachkriegszeit. Der Wohlstand brachte eine neue Esskultur mit sich: gegessen wurde nun mit Genuss, es wurden exotische und ausländische Spezialitäten eingeführt und eine „Fresswelle" durchlief das wachsende Deutschland. Der Körper war nun wieder „für einen selbst da", er bot die Möglichkeit zum Erleben der Nahrung. Zudem eröffnete sich für den Lebensmittelmarkt eine neue Zielgruppe: Kinder. Das Angebot an Süßigkeiten explodierte, erstmals zeigte sich hier das Problem der zu dicken Kinder. Das Steigen des

Körperbewusstseins und des Körpererlebens führte laut Preuß-Lausitz zu einer
„Sexualisierung" der Gesellschaft und hält bis heute an.

Die letzte erwähnte Generation der in den 1960er Jahren geborenen Menschen zeigt
insofern nochmal einen Unterschied zu der zuvor entstehenden Körperbedeutung, dass die
Erziehung der davor immer noch skeptischen und missbilligenden Eltern nun größeren
Spielraum und Freiheiten für die Entwicklung des Körpers und dessen Erleben zuließ. Zu der
Zeit der Jungend dieser Generation ging es hauptsächlich um die Befreiung der Sexualität
und die Selbstbestimmung über den Körper. Der Körper wurde „Gegenstand und Ziel der
Tätigkeiten selbst", er wurde „Mittelpunkt der Lebensperspektive" (Preuß-Lausitz 1983, S.
104). Die „Authentizität des Körpers" gilt als Ausdruck der Jugend, jeder verfolgt seine
eigene Modestilrichtung, seine Freizeitaktivität und Musikrichtung. In diese Zeit fällt nach
Preuß-Lausitz auch der Anfang der „Gesundheitsbewegung", da die Menschen versuchten,
im Gegenzug zu den aufkommenden Kritiken an der Umweltzerstörung ihren eigenen Körper
ihrer Kontrolle zu unterstellen, ihn „reinzuhalten" von Gift und Künstlichkeit.

Auch heute gilt noch: wer seinen Körper durch Ernährung und Bewegung gesund, schlank
und fit hält, der ist gesellschaftlich anerkannt und wird sogar bewundert. Die Beherrschung
des Körpers und zugleich das Erleben mit dem Körper sind charakteristisch für unsere
Konsum- und Erlebnisgesellschaft. Es herrscht ein Idealbild eines schönen, gesunden Körpers
in unseren Köpfen, verbreitet durch Werbung und die Medien. Marie Jelenko zählt hierzu die
Schlankheit, Fitness und natürlich die Gesundheit des Körpers (Jelenko 2007, S. 56). Die
Beweggründe für eine bestimmte Ernährungsweise resultieren bei einer Körper- und
krankheitsbezogenen Ernährungsorientierung im Bezug zur Gesundheit aus dem Ziel der
Vermeidung von Krankheiten und Aufrechterhaltung der Gesundheit. Und hier setzt die
Werbung des Functional Foods an. Produktversprechen wie „regt die Darmflora an" oder
„stärkt die Abwehrkräfte" zielen auf ebendiesen Wunsch der Bevölkerung ab, gesund und fit
zu sein oder zu bleiben. Der Körper soll nach außen hin ausdrücken, dass man diszipliniert
ist, den Konsumangeboten nicht unterworfen ist, und dennoch führt offenbar genau dieser
Wunsch eher dazu, zu neuartigen Produkten und zu funktionellen Lebensmitteln zu greifen.
Auf die Konsumgruppen von Functional Food werde ich allerdings im nächsten Kapitel
genauer eingehen.

Bemerkenswert ist noch, dass die breite Palette des Functional-Food-Angebotes ein weiterer
Beweis dafür darzustellen scheint, dass in unserer heutigen Gesellschaft dem Körper und

dessen Gesundheit ein großer Wert zugesprochen wird und die Beeinflussung zu einem Ideal mittlerweile akzeptiert und sogar gewünscht ist. Obwohl Körper und Seele eine eng verbundene Einheit des Charakters darstellen und diesem durch den Körper auch Ausdruck verleihen soll, der Körper erlebt wird und dem Genuss und Erleben dient, so steht doch auf der anderen Seite die „Vergegenständlichung" des Körpers. Er soll gesund sein, wobei die Normen und Regeln für Gesundheit mittlerweile größtenteils von der Medizin und Wissenschaft festgelegt werden, um lange und glücklich zu leben und noch viel zu *erleben*, er soll leistungsstark sein, um sich in der anspruchsvollen Arbeitswelt behaupten zu können, wobei hier sowohl die physische als auch psychische Leistung gemeint sein kann. Der Körper soll optimal ausgenutzt werden, an seine Grenzen gehen und diese am besten noch ausdehnen, der Körper wird zu einer Art technischen Hochleistungsmaschine degradiert, wo doch auf der anderen Seite die Wichtigkeit des Körper*seins* anstatt des bloßen Körper*habens* stand. Unsere heutige Gesellschaft scheint eine Mischung aus den zuvor genannten Körperkulturen der früheren Generationen zu sein.

4. Produkte, Werbung und Zielgruppen

Da nun die gesellschaftliche Entwicklung in Deutschland soweit beschrieben wurde, dass eine Einordnung der Functional-Food-Produkte eines Supermarktwarenangebotes zu den bestehenden Zielgruppen sinnvoll möglich ist, behandelt dieses Kapitel ebendiese Produkte und deren Werbung beziehungsweise deren auf der Packung abgedruckten Schlagwörter und Versprechen und ermöglicht einen Einblick in die Zusammenhänge der gesellschaftlichen Strukturen und dem Warenangebot.

Bei einem Gang durch den Supermarkt fällt mir sofort eines auf: hier in Deutschland scheint es bestimmte Sparten der Nahrungsmittel zu geben, die besonders stark zur Functional-Food-Vermarktung geeignet scheinen. Folgender Anblick bot sich mir vor dem Milchprodukte-Kühlregal:

Abbildung 1: Warenangebot funktioneller Lebensmittel in einem deutschen Supermarkt (eigene Darstellung)

Hierbei handelt es sich um eine große Auswahl an Joghurt und verschiedenen Milchprodukten, auf der linken Seite Laktose-reduziert und auf der rechten Seite (hauptsächlich ist hier die Marke Activia in grün zu sehen) mit Bakterienkulturen angereicherte Produkte, die die „Darmflora in Schwung bringen" sollen. Und dies war längst nicht alles. Im ganzen Regal ließen sich unterschiedlichste Versprechen zur Erhaltung und Verbesserung der Gesundheit auf den Verpackungen finden, Abbildung 1 zeigt lediglich einen kleinen Teil davon.

Aus diesem Grund möchte ich zuerst auf die Gruppe der probiotischen Milchprodukte eingehen, die, zumindest dem Supermarktangebot nach, in Deutschland am häufigsten vertreten zu sein scheint.

Probiotika sind lebende Mikroorganismen, meist Milchsäurebakterien, die im Darm in Wechselwirkungen mit der Mikroflora entweder direkt oder indirekt einen positiven Einfluss auf die Gesundheit haben sollen (vgl. Menrad, Hüsing und Reiß 2000, S. 34). Probiotika müssen der Säure des Magens standhalten, sich im Darm ansiedeln und sich gegen andere dort existierende Mikroorganismen durchsetzen können sowie sicher für den menschlichen Verzehr, darum klar identifizierbar und charakterisiert sein (ebd. S. 35). Die genaue Wirkungsweise der Organismen im Darm ist noch nicht eindeutig geklärt und Gegenstand von aktuellen Forschungen, allerdings sind schon einige als wissenschaftlich hinreichend abgesicherte Wirkungsweisen nachgewiesen worden (ebd. S. 37). Eine Auflistung dieser Ergebnisse ist in Kapitel 5 zu finden. Hergestellt werden diese Mikroorganismen, indem eine Isolierung der natürlichen Bakterien aus dem menschlichen Darm vorgenommen wird, diese in einem Nährmedium vermehrt werden und dann den Produkten zugesetzt werden (vgl. ebd. S. 43).

Wie schon erwähnt bildet, neben den fettreduzierten Produkten, die Gruppe der probiotischen Produkte die größte, was darauf schließen lässt, dass diese Produkte wohl auch häufig gekauft werden. „Bringt Ihre Verdauung in Schwung" oder „hilft, die Verdauung zu regulieren" ist zu lesen, oder auch „Actimel aktiviert Abwehrkräfte", doch es fällt auf, dass auch immer mehr Produkte lediglich mit dem Wort „Probiotisch" werben, ohne auffällige Hinweise auf dessen Bedeutung oder Wirkungsziel. Anscheinend gehen die Produktionsfirmen schon davon aus, dass in Deutschland jede und jeder weiß, dass probiotisch gut und gesund sein soll. Auch bei „Yakult", einem Unternehmen, das mit dem Slogan „Working on a healthy Society" wirbt, ist auf den bekannten kleinen Fläschchen lediglich der Hinweis auf die enthaltenen Bakterienstämme abgedruckt. Die aktuelle TV-Werbung wirbt dafür damit, dass „Yakult hilft, die innere Kraft zu stärken" (aktueller Spot im Internet zu finden unter www.yakult.de). Die Wirkung der probiotischen Drinks und Joghurts scheint also in unseren Köpfen schon verbreitet zu sein. Die Frage ist nun, wer die Hauptzielgruppe für darmgesundheitsförderliche Milchprodukte darstellt. Laut dem Informationsdienst für Ernährung sind an verdauungsfördernden Produkten eher Frauen interessiert, das Interesse für solche Produkte lag bei 40%. Durch die Verdauungsregulation soll das gesamte Immunsystem gestärkt werden und dies ist auch der Hauptaspekt, der die Konsumenten interessiert. Rund jeder zweite Befragte würde immunstärkende Produkte konsumieren oder tut dies bereits. Möglicherweise hängt dieses große Interesse der Abwehr von Infektionskrankheiten damit zusammen, dass in unserer heutigen stark leistungsorientierten Gesellschaft das Kranksein als unbedingt zu vermeiden gilt, dass der Körper stark und gesund sein muss und immer arbeits- und gesellschaftsfähig bleiben soll. Die in Kapitel 3.4 erwähnte Tendenz zum Körper*sein* spielt hierbei möglicherweise auch eine große Rolle. Unser Körper stellt den Ausgangspunkt unserer Aktivitäten und Gefühle dar, er ermöglicht uns den Kontakt zu anderen Personen und die Teilhabe am gesellschaftlichen Leben. Darum ist es von großer Bedeutung, diesen Körper zu pflegen, ihn vor Krankheiten zu schützen, die uns ans Bett fesseln würden. Zudem gilt generell die Gesundheit als Optimum, als Normalzustand des Körpers, den eine (anscheinend) durch eine bestimmte Ernährungsweise vermeidbare Krankheit „beschädigen" könnte. Die Konzentration auf den eigenen Körper scheint hier ein bedeutender Entscheidungsfaktor des Konsums darzustellen. Auch die heutige Arbeitswelt kann ich mir als Entscheidungsfaktor für den funktionellen Lebensmittelkonsum gut vorstellen: Angestellte oder Arbeiter müssen immer mehr leisten, immer flexibler und produktiver sein und zudem auch noch bis ins hohe Alter arbeiten (bis zum Jahr 2029 soll das Renteneintrittsalter auf 67 Jahre heraufgesetzt werden, vgl. bpb). Der Stress und Leistungsdruck dieser Generation, die vom Berufsalltag ausgeht, kann durchaus ein weiterer Grund sein, weshalb man sich Krankheiten vielleicht nichtmehr leisten kann oder darf.

Wie schon erwähnt ist neben den probiotischen Produkten die Gruppe der Light-Produkte ein bereits sehr großer Markt. Es gibt kaum mehr ein Nahrungsmittel, das es nicht in der fett- oder zuckerarmen Variante zu kaufen gibt. Beworben werden solche Produkte mit Schlagwörtern wie „leicht" oder „light", „kalorienreduziert" oder „fettarm" , meist sind auf den Verpackungen Silhouetten schlanker Frauen zu sehen oder hervorgehoben die Angaben der Fettanteile im Produkt. Mit der schon mehrfach erwähnten Health-Claims-Verordnung ist geregelt, ab wie viel Prozent Fett oder Zucker im Produkt mit den eben genannten Begriffen geworben werden darf. Klar zu sein scheint, dass aus diesen Produkten Zucker- bzw. Fett entfernt, reduziert oder ersetzt wurden, wobei meist jeweils nur ein Nährstoffgehalt verändert wurde, also entweder nur Fett oder nur Zucker, je nachdem, um was für ein Nahrungsmittel es sich handelt. Dies geschieht beim Fett durch Ersatzstoffe oder Austauschstoffe, beim Zucker durch das gänzliche Weglassen des Zuckers oder das Süßen mit Süßstoffen.

Der Sinn dieser funktionellen Lebensmittel liegt darin, dass Produkte, die eigentlich mit einer hohen Energiedichte die Gesundheit beeinträchtigen oder den Körper dicker werden lassen, nun vergleichsweise weniger bis gar kein Fett beziehungsweise Zucker mehr enthalten und so nichtmehr dick machen können - theoretisch. Light-Produkte finden sich überall: bei den

Getränken, bei Käse oder allen anderen Milchprodukten, bei Wurst, Süßigkeiten und nahezu jedem Produkt, das von bekannten Firmen wie Weight-Watchers vertrieben wird.

Auch hier ist wieder sehr auffällig, dass Frauen die Hauptkonsumenten dieser Lebensmittel darstellen (nach Informationsdient für Ernährung), da gerade Frauen eher auf eine schlanke Figur achten und die Ernährung als „potentielle Bedrohung für Schlankheit und damit Schönheit" sehen (Methfessel 2002, S. 31). Dies ist auf das Idealbild der heutigen Gesellschaft zurückzuführen. Die Kontrolle über sich und seinen Körper, der Wunsch nach Anerkennung und Bewunderung und der daraus resultierenden gesellschaftlichen Zugehörigkeit führen dazu, dass sich die Menschen und vor allem Frauen nach dem Idealbild des menschlichen Körpers richten wollen. In Film und Fernsehen, den Zeitschriften und Werbungen sind so gut wie nur schlanke, trainierte und aktive Menschen zu sehen, vorzugsweise groß und braun gebrannt. Kein Wunder, dass sich da einige Menschen dazu gedrängt fühlen, ebenfalls so aussehen zu müssen wie die Menschen, die reich, berühmt und bewundert sind.

Neben dem Beweggrund der Körpermodellierung stellt auch der Bereich der Krankheitsernährung bei diesen Lebensmitteln eine wichtige Rolle dar. Denn gerade die zuckerfreien Getränke oder Speisen sind ein unverzichtbarer Lebensmittelbereich für Diabetiker. Nicht nur Diabetes Typ 2, im Volksmund oft als Altersdiabetes bezeichnet, sondern auch der seltenere Typ 1 Diabetes verlangt von dessen Betroffenen eine akkurate Beobachtung derer Blutzuckerspiegel und damit einhergehend eine spezielle Ernährung. Da beim Verzehr von zuckerhaltigen Lebensmitteln den Betroffenen nur unnötig der Zuckerspiegel in die Höhe schießen würde, ist die zuckerfreie Alternative eine willkommene Ergänzung zur täglichen Ernährung. Hier erfüllt das Functional Food seine Aufgabe als gesundheitserhaltendes und –förderndes Lebensmittel. Dass Diabetes mittlerweile ein bekanntes gesellschaftliches Problem ist und sich in den nächsten 10 Jahren zudem noch verdoppeln soll, ist den meisten Menschen bekannt (vgl. Diabetes Deutschland). Die Gründe für die Zunahme dieser Erkrankungsfälle liegen teilweise in den gesellschaftlichen Entwicklungen: Die Zahl der Übergewichtigen nimmt zu, ebenso wie der Konsum von „Junk-Food" (Lebensmittel mit wenig Nährstoffen, dafür viel Fett und Zucker), regelmäßige körperliche Bewegung im Alltag geht zurück und die allgemeine Lebenserwartung steigt, wie schon in Kapitel 3.2 ausgeführt wurde. All diese Gründe führen zu einer erhöhten Zahl von Diabetes-Erkrankungen.

Und nicht nur die Reduzierung von Zucker, sondern auch die Fettreduzierung oder der Fettersatz spiegeln die Probleme der fettleibigen Gesellschaft wider: wie die Apotheken-Umschau schon treffend schreibt, besteht vor allem in den Industrienationen wie Deutschland ein besonderes Problem der Fettleibigkeit der Bevölkerung. Hierzulande sind rund 2 von 3 Männern und jede zweite Frau übergewichtig, insgesamt 20% davon sind adipös übergewichtig (als adipös gilt man ab einem Body-Maß-Index von über 30, wobei hierzu der Quotient des Körpergewichts und der Körpergröße im Quadrat errechnet wird). Dieses hohe Übergewicht führt häufig zu Folgeerkrankungen des Herzens sowie zu Bluthochdruck und, wie schon erwähnt, zu Diabetes Typ 2. Da ein Eingreifen zur Prävention oder einer erfolgreichen Behandlung von Adipositas in die Ernährung neben der Bewegung und der Stressbewältigung zur Hauptaufgabe zählt, eröffnet sich hier ein guter Absatzmarkt für Light-Produkte und Fettaustauschstoffe in den Lebensmitteln.

Und noch eine Gruppe der funktionellen Lebensmittel dient der Krankheitsprävention bei übergewichtigen Menschen: die cholesterinsenkenden Nahrungsmittel wie „Becel – pro activ", eine mit Pflanzensterinen angereicherte Margarine. Ein zu hoher Cholesterinspiegel (hiervon spricht man, wenn das LDL-Cholesterin im Blutkreislauf einen erhöhten Wert gegenüber den Normwerten aufweist) ist an sich noch keine Krankheit, führt jedoch häufig zu Herz-Kreislauf-Erkrankungen, da sich das Cholesterin an den feinen Gefäßwänden der Blutadern ablagern und damit zu Herzkranzgefäß-Verengungen bis hin zum Herzinfarkt führen kann. Die Pflanzensterine im Functional Food, hier der Margarine, haben eine sehr ähnliche Struktur wie das im Blut vorkommende Cholesterin und bewirken somit bei Verzehr eine Verdrängung des Cholesterins aus dem gesamten Blutkreislauf (vgl. Menrad, Hüsing und Reiß 2000, S. 84). Als Folge hiervon sinkt der Cholesterinspiegel und die Blutgefäße sind nichtmehr einer so hohen Verstopfungsgefahr ausgesetzt. Auch hier lässt sich im Supermarkt eine etwas größere Produktpalette finden, vor allem aber in Margarinen und Milchprodukten wie dem Drink „Danacol", einem Milchdrink des Konzerns Danone, sind Sterine und andere Sekundäre Pflanzenstoffe zur Senkung des Cholesterinspiegels enthalten. Wenn man die gesundheitliche Entwicklung unserer Gesellschaft betrachtet ist es also kein Wunder, dass gerade die Gruppe der funktionellen Lebensmittel zur Fett- und Cholesterinreduzierung in den Regalen deutscher Supermärkte garnichtmehr wegzudenken sind. In Zeiten der Mangelernährung wären solche Produkte mehr als überflüssig gewesen, der Wohlstand unserer Gesellschaft drückt sich nicht nur in den steigenden Zahlen von ernährungsbedingten Krankheiten aus, sondern ebenso in der Bereitschaft, den im Vergleich zu normalen Produkten stark erhöhten Preis zu bezahlen (ein Beispiel: Becel – pro activ kostete im besuchten Supermarkt pro 100 Gramm 1.20€, wohingegen die normale Markenmargarine pro 100 Gramm gerade mal 0.69€ kostete).

Die bisher genannten Produkte zeigen deutlich, wo die gesundheitlichen Probleme der Gesellschaft in Deutschland derzeit liegen. Hauptsächlich dreht es sich dabei um das Metabolische Syndrom: hierzu zählen Diabetes, Adipositas, Koronare Herzerkrankungen sowie ein erhöhter Blutdruck (nach Albert 2011). Diese Erkrankungen gelten als ein Ausdruck der modernen Lebensstile: ein reiches und zudem oft ungesundes Nahrungsangebot, wenig Bewegung aufgrund langer Arbeitszeiten sowie weniger Bewegung an den Arbeitsplätzen selbst, Zeit- und Leistungsdruck bedingt kommt auch noch der zunehmende Stress im Alltag hinzu, der die Ernährung sowie die Psyche und Physis auch direkt bedingen kann.

Gleichzeitig zeigt sich in den Regalen der funktionellen Lebensmittel auch die Gegenbewegung zu diesem Lebensstil: Fitness ist hier die Devise. „Vital", „Sport", „Fit" oder „Aktiv" sind die Schlagwörter der Produkte, die mit Vitaminen, Calcium, Inulin oder zusätzlichen Ballaststoffen angereichert wurden oder fett- und zuckerreduziert sind. Allerdings muss man hier genauer hinsehen, denn auf vielen Verpackungen sind diese Schlagworte zu lesen, am Produkt wurde jedoch nicht immer etwas verändert, sodass es sich häufig gar nicht um (nach der Arbeitsdefinition aus Kapitel 2.1 definierten) funktionelle Lebensmittel handelt. Mit diesen Aussprüchen wird häufig auch mit den sowieso ganz natürlich im Produkt vorkommenden Konzentrationen der Inhaltsstoffe geworben, um auf die „Fitness-Welle" mit aufzuspringen. Denn eines ist klar: den Supermarktregalen nach zu urteilen existiert diese in Deutschland durchaus, trotz negativen Adipositas- und Diabetes-Bilanzen. Fitness-Brote, Sport-Müslis oder Probiotische Fitness-Drinks sind in allen Varianten und Geschmacksrichtungen zu haben. Bei den meisten Produkten geht es ebenfalls wieder um die Förderung der Darmflora und zusätzlich um den Erhalt und den Aufbau einer gesunden Knochendichte durch Calcium. Bei dem Vollkornbrot „Aktiv-3" von Mestemacher beispielsweise wurde Calcium, Vitamin D3 und der prebiotische Ballaststoff Inulin zugefügt. Prebiotica sind nichtverdauliche, im Gegensatz zu Probiotika nicht-lebende Lebensmittelbestandteile, die die Aktivität oder die Zahl der im menschlichen Darm enthaltenen Bifidobakterien oder Lactobazillen anregen und somit die Gesundheit des

Menschen verbessern sollen. Ein wissenschaftlicher Beweis hierfür steht allerdings noch aus (vgl. Menrad, Hüsing und Reiß 2000, S. 48).

Ich habe bereits darauf hingewiesen, dass sich dieser Fitness-Trend als ein Gegensatz zur ansonsten recht bewegungsarmen und nahrungsreichen Alltagsstruktur sehen lässt. Natürlich zählt auch hierbei wieder der Wunsch nach der Idealfigur zu den ausschlaggebenden Entscheidungsfaktoren, dennoch geht es darüber hinaus. Es kommt nicht mehr nur darauf an, gut auszusehen, der Mensch will sich gut „fühlen", er will „aktiv" und „vital" sein, möglicherweise als direkten Gegensatz zum ansonsten inaktiven und monotonen Arbeitsalltag. Mehr noch, meiner Ansicht nach spiegelt sich hier wieder das Körperverständnis unserer Gesellschaft wider. Der Körper soll nicht nur der ausführende Teil unseres „Ichs" sein, der der Seele Spaß, Erlebnis und Freude ermöglicht, er soll *Ziel* der Aktivität sein und davon beeinflusst, verändert und gestärkt werden. Auch auf diesen Verpackungen sind sehr oft junge, schlanke, attraktive und vor allem aktive Menschen zu sehen, die pure Lebensfreude und Gesundheit ausstrahlen und den Kunden dazu verleiten, sich ebenfalls so fühlen zu wollen und das Produkt zu kaufen. Dieser Wunsch nach Aktivität, nach Selbstbestimmung über den Körper und nach Freiheit und Gesundheit wirkt ein wenig so, als versuche die Lebensmittelindustrie dem Käufer eine Welt zu verkaufen, die im wirklichen Leben nicht so optimal zu sein scheint. Und wie das Warenangebot vermuten lässt, scheint dies eine erfolgreiche Strategie zu sein.

Auch erfolgreich verkauft werden sogenannte „Energy-Drinks": „RedBull", „Dextro Energy", „Effect" oder gar der „Tonino Lamborghini Energy Drink" sind nur wenige Beispiele für die mittlerweile so große Produktpalette in deutschen Supermärkten. Inhaltsstoffe wie Koffein, Taurin, Glucuronolacton, Inosit und verschiedene Vitamine und Mineralstoffe sollen aus den Zuckergetränken gesunde, leistungssteigernde und muskelfördernde Wachmacher machen. Der hohe Koffeinanteil soll das Zentralnervensystem anregen und die Herzleistung beschleunigen. Taurin soll die Muskelleistung und Konzentrationsfähigkeit fördern, Inosit die Gedächtnisleistung und sogar Fettverbrennung (vgl. Food-Monitor 2010). Glucuronolacton ist an der Entgiftungsreaktion in der menschlichen Leber beteiligt und soll vor Umweltschadstoffen schützen. Die zugesetzten Vitamine und Mineralstoffe sollen laut Food-Monitor lediglich den Anschein erwecken, das Getränk habe neben der leistungsfördernden Eigenschaft zusätzlichen gesundheitlichen Nutzen. Rund 45% der Deutschen sind positiv auf Lebensmittel gestimmt, die die Leistung des Gehirns und die Energie steigern (Food-Monitor

2011). Das Interesse an solch angeblich leistungssteigernden funktionellen Lebensmittel kann erklärt werden, indem man sich die Ansprüche der Arbeits-, Haushalts- und Freizeitwelten anschaut.

Mittlerweile ist Arbeit und Freizeit nur noch schwer voneinander zu trennen, wie in Kapitel 3.2 erläutert. Die Menschen verwirklichen sich mit ihrem Beruf, sie arbeiten nichtmehr nur, um zu überleben, sondern bei vielen ist der Beruf zum Leben geworden und gehört völlig selbstverständlich rund um die Uhr zum Alltag. Dabei ist ihnen wichtig, immer aktiv und leistungsstark bleiben zu können, um das berufliche Ziel, das sie verfolgen, schnell erreichen zu können und erfolgreich zu sein. Produkte, die die Leistung fördern sollen, kommen da gerade recht. Und nicht nur die Arbeitsleistung soll gesteigert werden. Immer mehr Kinder und Jugendliche nutzen Energy Drinks zur Leistungssteigerung in der Schule bei Klausuren oder Sportereignissen, zudem werden Energie Drinks häufig in der Freizeit getrunken, um beispielsweise in der Disko länger wach und aktiv bleiben zu können. Auch die Freizeit scheint gewisse Leistungsansprüche zu haben, die immer mehr gesteigert werden sollen. Der letzte Zweig der Functional Food-Produkte, die ich in diesem Kapitel als Beispiel für das deutsche Warenangebot genauer nennen möchte, werden oftmals kaum mehr als funktionelle Lebensmittel erkannt, da sie schon so verbreitet auftreten, dass es geradezu normal erscheint. Die Rede ist von Produkten mit Vitaminzusätzen. Nach der Arbeitsdefinition des FUFOSE-Projektes, die nun schon mehrfach genannt wurde, kann man Vitaminzusätze als Eingriff in natürliche Lebensmittel und die Anreicherung hin zum funktionellen Lebensmittel deuten. Vitamine sind lebensnotwenige Nahrungsbestandteile, deren Mangel im menschlichen Körper zu bestimmte Krankheiten oder Funktionsstörungen führen können. Vitamine können lediglich über die Nahrung aufgenommen werden und eignen sich darum hervorragend, um Lebensmittel damit anzureichern und diese erfolgreich zu vermarkten (vgl. Menrad, Hüsing und Reiß 2000, S. 100). Und die Liste solcher Produkte ist sehr lang. Säfte, Müsli, Müsliriegel, Fruchtjoghurts und sogar Süßspeisen wie Bonbons werden als gesundheitsförderlich angeboten, da Vitamin A, B, C oder D zugesetzt wurden, und schließlich hört man ja überall, wie wichtig Vitamine für den Körper sind. Die Tatsache, dass die Beigabe von Vitaminen in den Lebensmitteln so selbstverständlich zu sein scheint, drückt nochmals den starken Wunsch der Gesellschaft nach der möglichst optimalen Gesundheit aus, der im Gegensatz steht zu den steigenden Krankheitszahlen von Diabetes, Adipositas, Herzerkrankungen und Bluthochdruck.

Selbstverständlich waren dies nur einige wenige Beispiele für die Produktvielfalt der funktionellen Lebensmittel. Laktosefreie Produkte, Omega-3-Öle oder Prebiotische Babynahrung könnten hier noch weiter aufgeführt werden. Letztendlich geht es jedoch hauptsächlich immer um dasselbe Ziel: die Erhaltung oder Wiederherstellung der Gesundheit der Konsumenten, ein Versuch der Teilhabe an einem aktiven, fitten Leben, das oft gegensätzlich zum bewegungsarmen Alltag steht und die (vermeintliche) Vorbeugung vor möglichen Krankheiten, die den Körper oder vielmehr den Menschen als gesellschaftliches Mitglied schädigen könnten. Die Erhaltung der Gesundheit ist zu einem wichtigen Lebensziel geworden und das Warenangebot spiegelt dies wider.

5. Bewertung von Functional Food für die Gesundheit und Gesundheitsförderung

Wenn man sich mit dem Thema Functional Food auseinandersetzt, darf selbstverständlich die Betrachtung der bisherigen wissenschaftlichen Befunde und Bewertungen über den tatsächlichen gesundheitlichen Nutzen nicht fehlen. Darum wird in diesem Kapitel möglichst kompakt zusammengefasst, was bisher über die zuvor erwähnten funktionellen Lebensmittel an Studien und Ergebnissen zu finden ist und versucht, die möglichen Zusammenhänge für die Gesundheitsförderung darzustellen.

Für die Darstellung der wissenschaftlichen Ergebnisse eignet sich wieder hervorragend die Verschriftlichung der schweizer Studie „Technology Assessment – Functional Food" des schweizerischen Wissenschafts- und Technologierates, die im Laufe der Arbeit schon des Öfteren erwähnt wurde. Die Wissenschaftler haben nicht nur sehr gut darstellen können, welche einzelnen Wirkstoffe oder Verfahrensweisen Nahrungsmittel zu funktionellen Lebensmitteln machen, sondern geben auch einen guten Überblick über die bis dato erfolgten Studien und Beurteilungen.

5.1 Für die Gesundheit

5.1.1 Probiotika

Zu den Probiotika ist in der Studie zu lesen, dass es zwar schon zahlreiche in vitro-Experimente und Tierversuche zur Wirkung dieser Produkte gibt, jedoch zu wenig wiederholbare Versuche mit Menschen vorgenommen wurden und darum nur wenige der den Probiotika zugeschriebenen Wirkungen als wissenschaftlich abgesichert gelten. Zu diesen wenigen gehören:

Die *Linderung von Symptomen der Lactoseintoleranz*, die *Steigerung der Aktivität von Immunreaktionen*, die *Verkürzung der Dauer von Rotavirus-Druchfallerkrankungen*, die *Verringerung der Mutagenität und bakterieller Enzymaktivitäten in Faeces(Exkrementen)* sowie die *Reduzierung der Aktivität von Helicobacter pylori* (Menrad, Hüsing und Reiß 2000, S. 37).

Das Bundesministerium für Ernährung, Landwirtschaft und Verbraucherschutz ergänzt 2007 in einem ForschungsReport, dass Probiotika zudem noch die *Verdauung bei Verstopfung* anregen, „Allerweltskrankheiten" *wie Erkältungen verkürzen oder die Symptome lindern* können und *bei allergischen Erkrankungen wie Neurodermitis oder Heuschnupfen präventiv und therapeutisch* eingesetzt werden können (vgl. Bundesministerium für Ernährung, Landwirtschaft und Verbraucherschutz 2007).

Die Sicherheit für den Menschen dieser Produkte gilt generell als gut, lediglich Säuglinge, Kinder, Schwangere, Ältere, Immungeschwächte oder vorerkrankte Personen sollten mit diesen Lebensmitteln aufgrund noch ungeklärter Stoffwechselwirkungsweisen vorsichtig umgehen, eine Gefährdung der Gesundheit ist jedoch eher unwahrscheinlich (vgl. Menrad, Hüsing und Reiß 2000, S. 41).

5.1.2 Prebiotika

Bei Prebiotika sieht die Datenlage ähnlich aus. Für Fructo-Oligosaccharide und Galacto-Oligosaccharide wurden förderliche Wirkungen auf günstige Bakterienstämme im Körper nachgewiesen, bei den anderen Oligosacchariden besteht noch großer Forschungsbedarf, ebenso wie für die tatsächlichen Auswirkungen aller Prebiotika auf die menschliche Gesundheit (Menrad, Hüsing und Reiß 2000, S. 51).Positive Effekte auf die Absorption und Bilanz von Calcium konnten allerdings schon festgestellt werden. Zudem soll das Polysaccharid Inulin, wie es zum Beispiel das erwähnte Brot in Kapitel 4 enthielt, aufgrund seiner Eigenschaften gut geeignet sein für die Ernährung bei Diabetes, da es weder den Blutzuckerspiegel noch den Insulinspiegel ansteigen lässt, wie es beispielsweise Fructose und Glucose tun (ebd. S. 55). Bei einem übermäßigen Verzehr haben alle nicht-verdaulichen Kohlenhydrate der Prebiotika eine abführende Wirkung, sie sind also mit Bedacht zu verzehren. Die Ernährungskommission der Deutschen Gesellschaft für Kinder- und Jugendmedizin (DGKJ) ruft zur besonderen Vorsicht bei Pro- und Prebiotikaeinsätzen in Säuglingsanfangsnahrung auf, denn zum einen ist der tatsächliche gesundheitliche Nutzen für die Kinder nicht ausreichend belegt und zum anderen könnten bei Säuglingen mit ernsten Gesundheitsproblemen zusätzliche Verschlechterungen auftreten (Informationsdienst für Ernährung 2009).

5.1.3 Fettsäuren

Omega-3- und Omegma-6-Fettsäuren, die als Öle, in Margarinen oder sogar Broten die Lebensmittel funktionell machen sollen, wirken blutdrucksenkend, entzündungs- und gerinnungshemmend, erniedrigen den Triglyceridspiegel im Blut und beugen somit Herz-Kreislauf-Erkrankungen vor und stärken die Immunfunktion (Bundesministerium für Ernährung, Landwirtschaft und Verbraucherschutz 2007). Sie gelten darum als gesundheitsförderlich und es wird empfohlen, weniger gesättigte Fettsäuren zu verspeisen und dafür mehr ungesättigte wie die Omega-3-und-6-Fettsäuren zu sich zu nehmen, wobei der gesamte Fettanteil an der täglichen Energiezufuhr aus nicht mehr als 30% bestehen sollte(Menrad, Hüsing und Reiß 2000, S. 94).

5.1.4 Vitamine

Vitamine müssen mit der Nahrung aufgenommen werden und sind für zahlreiche Stoffwechselvorgänge und Körperfunktionen von essentieller Bedeutung. Beispiele für Mangelerscheinungen bei Vitaminmangel sind Epithelschäden an der Haut und den Schleimhäuten bei Vitamin A-Mangel, Skorbut und psychische Veränderungen bei Vitamin C-Mangel oder Mineralisationsstörungen, Rachitis und Osteomalazie bei Vitamin D-Mangel. Problematisch für die Wirkung funktioneller Lebensmittel ist allerdings die richtige Dosierung und der angemessene Verzehr der Produkte, denn bei gut speicherbaren Vitaminen, wie es Vitamin A und D darstellen, besteht die Gefahr einer Überversorgung und einer damit einhergehender Überbelastung und gesundheitsschädlichen Wirkung auf den Körper (ebd. S. 100). Furtmayr-Schuh (1993) weist zudem darauf hin, dass der Bedarf an Vitaminen mit einer normalen Ernährung problemlos gedeckt werden kann, vor allem mit Gemüse, Nüssen oder Sauerkraut (Furtmayr-Schuh 1993, S. 172). Um über die Vermeidung von Mangelerscheinungen hinauszugehen und zusätzlichen Gesundheitsnutzen erzielen zu können, haben einige Forscher Tagesdosen für die einzelnen Vitamine festgelegt. Diese aus funktionellen Lebensmitteln zu beziehen, scheint vielversprechend, wenn man davon ausgeht, dass der Körper die Vitamine auch verwerten kann.

Zu weiteren Bestandteilen von funktionellen Lebensmitteln wie Antioxidantien,
verschiedenen Mineralstoffen oder bioaktiven Peptiden ist die bisherige Datenlage
annähernd so dünn wie in den eben genannten Inhaltsstoffen und es besteht weiterhin
großer Forschungsbedarf. Das Problem liegt dabei weniger in der Tatsache, dass kaum
Studien durchgeführt worden wären, sondern vielmehr darin, dass die meisten Studien
bisher wenig wissenschaftlich gestützt und oft nicht als extern valide betrachtet werden
können (vgl. Menrad, Hüsing und Reiß 2000, S. 112). Um wirklich wissenschaftliche Belege
für die tatsächliche Wirksamkeit von den verschiedenen Functional Food Produkten zu
gewinnen, benötigt es sicherlich noch einige Zeit, da dies vor allem mit Langzeitstudien zu
belegen wäre. Zudem erschwert die ständig ansteigende Produktvielfalt funktioneller
Lebensmittel eine endgültige Beurteilung aller Produkte, denn solange sich probiotische
Joghurts und Omega-3-Brote verkaufen lassen und das Interesse der Kunden nicht abnimmt,
wird es sicherlich auch immer wieder neues, innovatives und vor allem für die herstellenden
Firmen profitables Functional Food geben.

5.2 Für die Gesundheitsförderung

Trotz eher mageren Beweisen für die tatsächliche gesundheitsförderliche Wirkungsweise der
funktionellen Lebensmittel sind doch einige Produkte, gerade Probiotika oder Light-
Produkte, dank ein paar bewiesenen Funktionen garnichtmehr aus den deutschen Regalen
wegzudenken. Denn letztendlich zählt, was dem Konsumenten gut tut. Obwohl
beispielsweise die Konsumenten von Light-Produkten im Durchschnitt gleichzeitig
verhältnismäßig mehr kalorienreiche Produkte verzehren und somit den Effekt auf die
Gesundheit der fett- und zuckerreduzierten Speisen zunichtemachen (vgl. Food-Monitor
2007), kann man den Sinn von kalorienreduzierten Speisen und Getränken als unumstritten
betrachten, ob nun zur Adipositas-Prävention oder für figurbewusste Menschen. Und
obwohl zweifelsohne das Streben nach Profit der herstellenden Firmen eine wichtige Rolle
für die Produktvielfalt an funktionellen Lebensmitteln spielt, haben zusätzliche Vitamine
oder probiotische Milchprodukte dennoch positive Einflüsse auf das Wohlbefinden und die
Gesundheit (vgl. Kapitel 5.1).

Im Rahmen der ganzheitlichen Gesundheitsförderung spielt die Ernährung natürlich eine
wichtige Rolle, genauso wie das psychische Wohlbefinden und die Möglichkeit zur

Selbstverwirklichung. Meiner Meinung nach haben funktionelle Lebensmittel ihr Potential darin, dass sie jedem Menschen eine individuelle und selbstbestimmte Ernährungsweise ermöglichen können, vorausgesetzt allerdings ist dabei ein bestimmter Grad an Ernährungswissen. Für einige Krankheiten ist die zusätzliche Aufnahme von bestimmten Inhaltsbestandteilen in der Nahrung oder besondere Reduzierungen an Bestandteilen sehr sinnvoll, betrachtet man zum Beispiel die Wirkung von Probiotika, die Erkältungsdauer reduzieren zu können oder die Angebote für Menschen mit einer Laktoseintoleranz, denen sich durch funktionelle Lebensmittel eine viel größere Auswahl an Speisen und Ernährungsmöglichkeiten bietet. Für andere Functional Food Produkte fehlen wiederum die Beweise der gesundheitsförderlichen Wirkungen.

Insgesamt kann man sagen, dass Functional Food einige positive Auswirkungen haben kann, um die Gesamtbevölkerung vor bestimmten Leiden und Krankheiten zu beschützen, aber nichtsdestotrotz mit Vorsicht bedacht werden muss, da es wohl kaum die Aufgabe der Lebensmittelindustrie sein kann, die Menschen gesund zu machen oder deren Gesundheit zu erhalten. Denn letztendlich muss jede Frau und jeder Mann für sich selbst wissen, was das Beste für sie oder ihn ist und wie weit er dies mit industriell hergestellten oder naturbelassenen Produkten tun will.

6. Fazit und Ausblick

Diese Arbeit hatte das Ziel darzustellen, wie funktionelle Lebensmittel, ihre Markteinführung und ihr Anklang bei der deutschen Bevölkerung als Ausdruck der Gesellschaft beziehungsweise der modernen Gesellschaft gesehen werden können. Zunächst einmal wurde deutlich, dass die Definition und vor allem die Rechtsgrundlage in Deutschland für Nahrungsmittel, die auf die Gesundheit einwirken sollen und dies bewerben, äußerst schwierig ist und noch einige Forschungen, Gesetze und Entschlüsse nötigt sind, um Functional Food als vollwertigen Bestandteil unserer Ernährung ansehen zu können. Man kann dies so interpretieren, dass sich die Gesellschaft zwar für diese neuen Möglichkeiten der Gesunderhaltung interessiert, gleichzeitig aber sehr darauf bedacht ist, den Verbraucher zu schützen, keine voreiligen Schlüssen zu ziehen und vor allem den Bereich Ernährung und Heilung oder Krankheitsprävention eher noch getrennt zu betrachten. Die Entscheidung, in wieweit funktionelle Lebensmittel in unserem Land später einmal zu der Bevölkerungsgesundheit und dem Wohlbefinden beitragen können und sollen, ist also noch längst nicht gefallen, ein Trend hin zur Integration dieser Nahrungsmittel in unseren Alltag ist jedoch klar erkennbar. Es gäbe nicht ständig weitere Produkte auf dem Markt, wenn das Interesse daran nicht in der Bevölkerung vertreten wäre.

Wo also kommt dieses Interesse her?

In Kapitel 3.1 wurde deutlich, dass die Industrialisierung und der technische Fortschritt sowie der immer größer werdende Stand der Wissenschaft dazu führten, dass das Thema der Ernährung verwissenschaftlicht werden konnte, dass die Wissenschaft immer weitere „Fakten" und „Richtlinien" für die gesunde Ernährung veröffentlichte und die Bevölkerung so ein Stück weit den Expertenstatus in Sachen eigener Gesundheit und Wohlbefinden verlor und dazu angehalten wurde, sich immer mehr von der Wissenschaft und (dadurch bedingt) auch der Lebensmittelindustrie leiten zu lassen. Im Vergleich zu früher fällt auf, dass die Bedeutung der Ernährung den Sinn der Körpererhaltung weit überschritten hat und einen hohen Stellenwert im Alltag der Menschen einnimmt, was durchaus als eine immer noch anhaltende Gegenbewegung zur damaligen Nahrungsknappheit interpretiert werden kann. Essen ist in der heutigen Zeit mehr als nur die Nährstoffaufnahme, es ermöglicht uns, den Körper zu formen, uns mit verschiedensten Genüssen zu verwöhnen und mittlerweile eben auch, der Gesundheit etwas Gutes zu tun, um möglichst lange und vor allem aktiv leben zu können. Der wachsende Wunsch, die Gesundheit und das Leben selbst in der Hand zu haben ist möglicherweise Ausdruck der Angst, die gleichzeitig in unseren Köpfen herumgeistert. Angesichts der Gesundheitsberichte in Deutschland, in denen von immer weiter steigenden Krankheitszahlen und immer älter werdenden Menschen die Rede ist, haben wir das Bedürfnis, dem entgegenzuwirken. Wir wollen im hohen Alter arbeiten können und werden dies auch müssen, denn der demografische Wandel beeinflusst den späteren Arbeitsmarkt enorm, wir wollen gesund und aktiv bleiben, das immer länger werdende Leben genießen können. Kein Wunder also, dass die Lebensmittelindustrie diesen Trend und dieses Bedürfnis der Gesellschaft als eine Möglichkeit auffasst, um zu wachsen und davon zu profitieren, denn wir leben nun einmal in einer von der Nachfrage bedingten freien Marktwirtschaft. Dieser Profitwunsch der Unternehmen sollte jedoch nicht zu sehr negativ betrachtet werden, denn er ist der Grund für Innovationen, neue Produkte und auch oftmals der Antrieb für die wissenschaftliche Forschung.

Der Grund, warum sich in Deutschland also funktionelle Lebensmittel entwickeln können, liegt darin, dass die Nachfrage durchaus besteht. Kapitel 3.4 versuchte darzustellen, wie der

Bezug zum eigenen Körper und die Bedeutung der Nahrung zusammenhängen und zeigt, dass die Werteveränderung des Körpers die Nahrung zum Instrument macht, sie stellt nunmehr eine Möglichkeit der Einflussnahme auf den Körper dar. Denn der Körper ist nichtmehr nur selbst Instrument zur Ausführung von Aktivitäten, sondern ist Ziel dieser Erlebnisse, er will „gefühlt und erlebt" werden. Aufgrund des Bedeutungsanstieges des Körpers stieg auch die Bedeutung des Aussehens des Körpers, denn das Aussehen bestimmt mittlerweile (selbstverständlich nur teilweise) unser Ansehen in der Gesellschaft, beziehungsweise wird dies über die Medien und Werbungen sehr stark so dargestellt. Vor allem aber die „Macht" über den Körper, also die Kontrolle über Bewegung und Ernährungsweise in unserer (bisher)genussorientierten Produktwelt gilt mittlerweile als Beweis über eine starke Persönlichkeit und sorgt für Anerkennung und Bewunderung. Ausdrücken kann sich diese Kontrolle über den Körper im Bereich der Ernährung über eine gesunde und bewusste Nahrungswahl, die zu einem Körper nach dem Idealbild der Gesellschaft führt (oder vielmehr führen soll). Dieses Idealbild, der schlanke, trainierte, fitte und gesunde Körper, wird ebenfalls von den Lebensmittelherstellern genutzt, um Produkte zu vermarkten wie diverse Light-Produkte, Fitness-Drinks und gesundheitsförderliche Lebensmittel, eben Functional Foods.

Bei Betrachtung der Konsumenten dieser Produkte fällt auf, dass gerade jüngere Menschen, die vielleicht die Wirkungen der Produkte, beispielsweise die Senkung des Cholesterinspiegels, überhaupt nicht benötigen, viel eher dazu bereit sind, die Produkte auszuprobieren, wohingegen gerade ältere Menschen den neuartigen Lebensmitteln nicht so recht trauen und sich lieber auf ihre altbekannten Ernährungsweisen verlassen. Diese Tatsache, die sich aus den Daten verschiedenster Umfragen (siehe zB. Food-Monitor) ergibt, offenbart den Zusammenhang der jüngeren Generationen und dem Interesse an Functional Food und bekräftigt nochmal die Annahme, dass gerade der Wandel der Gesellschaft, beziehungsweise die dadurch entstandene neuere modernere Gesellschaft für das Auftreten und vor allem das Bestehenbleiben gesundheitsförderlicher Produkte verantwortlich ist.

Dass in Kapitel 5 versucht wurde, die tatsächlichen Wirkungen und damit der tatsächliche Sinn funktioneller Produkte festzustellen, ist generell ein sinnvoller Schritt bei der Betrachtung von Functional Food, denn auch die Gesellschaft will Gewissheit über die Produkte und den Wahrheitsgehalt derer Aussagen. Da diese Produkte relativ innovativ und die rechtlichen Grundrahmen noch nicht geklärt sind, besteht ein großer Nachholbedarf in der Forschung der Wirkungsweisen, das steht außer Frage. Doch für diese Arbeit sollte diese Ausführung eher einen weiteren kurzen Überblick über den Stand der funktionellen Lebensmittel geben, denn für die Beurteilung des Zusammenhanges zwischen gesellschaftlichem Wandel und den Produkten ist die tatsächliche Sinnhaftigkeit für die Gesundheit eher zweitrangig. Um sagen zu können, wie gesundheitsförderlich die Produkte wirklich sind, muss man auf weitere Forschungsergebnisse warten und die Entwicklung noch ein wenig weiter abwarten, denn sie befindet sich gerade erst am Anfang.

Es sieht ganz so aus, als sei der Trend des Functional Foods noch lange nicht am Höhepunkt angelangt. Die Wissenschaft wird weiter immer neuere und „gesündere" Produkte auf den Markt bringen, das Interesse daran, aber sicherlich auch die Kritik werden wachsen, wobei sich die Kritik neben der Frage nach der Wirkung auch darum drehen wird, ob es in der Hand der Wirtschaft liegen darf, wie gesund die Bevölkerung ist und was diese verzehren sollte. Dem Functional Food gegenüber gibt es viele kritische Stimmen (zB. Thilo Bode mit seinem Buch „Die Essensfälscher", erschienen 2010 im S. Fischer Verlag), doch solange der Großteil der Bevölkerung daran interessiert und den funktionellen Lebensmittel gegenüber aufgeschlossen bleibt, wird sich diese Sparte weiterentwickeln. Und wer weiß, möglicherweise liegt die Antwort auf die Frage nach der ewigen Gesundheit im Milchprodukteregal, unter der Aufschrift „Functional Food".

Literaturverzeichnis:

Bundesministerium für Ernährung, Landwirtschaft und Verbraucherschutz (Hrsg.) (2007): ForschungsReport 1/2007. Schwerpunkt: funktionelle Lebensmittel. *Die Zeitschrift des Senats der Bundesforschungsanstalten.*

Furtmayr-Schuh, Annelies (1993): Postmoderne Ernährung – Food-Design statt Esskultur, Die moderne Nahrungsmittelproduktion und ihre verhängnisvollen Folgen. Stuttgart: Georg Thieme Verlag.

Geißler, Rainer (2011): Die Sozialstruktur Deutschlands. Zur gesellschaftlichen Entwicklung mit einer Bilanz zur Vereinigung (6. Auflage). Wiesbaden: VS Verlag für Sozialwissenschaften. Springer Fachmedien Wiesbaden GmbH.

Jelenko, Marie (2007): Ernährungsorientierungen. In K. Brunner, S. Geyer, M. Jelenko, W. Weiss, F. Astleithner (Hrsg.), Ernährungsalltag im Wandel. Chancen für Nachhaltigkeit, S. 47-57. Wien: Springer Verlag.

Menrad, M., Hüsing, B., Menrad, K., Reiß, T., Beer-Borst, S., Zenger, C. A. (2000): Technology Assessment – Functional Food. Schweizerischer Wissenschafts- und Technologierat (Hrsg.).

Methfessel, Barbara (2002): Körperbeziehungen und Ernährungsverhalten bei Mädchen und Jungen. Lehr- und Lernvoraussetzung in der Ernährungserziehung. In B. Methfessel (Hrsg.), Essen lehren – Essen lernen. Beiträge zur Diskussion und Praxis der Ernährungsbildung, S. 31-76. Baltmannsweiler: Schneider-Verlag Hohengehren.

Prahl, Hans-Werner, Setzwein, Monika (1999): Soziologie der Ernährung. Opladen: Leske und Budrich.

Preuß-Lausitz, Ulf (1983): Vom gepanzerten zum sinnstiftenden Körper. In U. Preuß-Lausitz (Hrsg.), Kriegskinder, Konsumkinder, Krisenkinder. Zur Sozialisationsgeschichte seit dem Zweiten Weltkrieg (3. Unveränderte Auflage), S. 89-106. Weinheim: Beltz.

Rechkemmer, Gerhard (2001): Funktionelle Lebensmittel. In U. Maid-Kohnert (Hrsg.), Lexikon der Ernährung Band 2 (S. 42-48). Berlin: Spektrum Akademischer Verlag.

Spiekermann, Uwe (2001): Der Markt für Functional Food – Überblick, Bedeutung und Perspektiven. Göttingen: Georg-August-Universität Göttingen, Institut für Wirtschafts- und Sozialgeschichte.

Internet:
Ärzte-Zeitung:
KHK-Daten:
http://www.aerztezeitung.de/extras/fotos/?sid=518180&sh=0
Download am 21.08.2011

AOK:

http://www.aok.de/bundesweit/gesundheit/essen-trinken-ernaehrung-functional-food-8557.php

Download am 09.08.2011

Apotheken-Umschau:

Osteoporose-Zahlen:

http://www.apotheken-umschau.de/Osteoporose/Osteoporose-Haeufigkeit-12730_2.html

Download am 21.08.2011

Adipositas-Zahlen:

http://www.apotheken-umschau.de/Adipositas-fettsucht/Adipositas-und-Esssucht-Wissenswertes-11484_7.html

Download am 24.08.2011

Bundeszentrale für gesundheitliche Aufklärung:

Gut-Drauf-Tip: Novel Food und Co. (Stand der PDF-Archivdatei: November 2004)

http://www.bzga.de/infomaterialien/archiv/gut-drauf-tip-novel-food-und-co/

Download am 18.08.2011

Bundeszentrale für politische Bildung:

Renteneintrittsalter:

http://www.bpb.de/popup/popup_lemmata.html?guid=K7308D

Download am 23.08.2011

Bundesinstitut für Risikobewertung:

http://www.bfr.bund.de/de/gesundheitliche_bewertung_funktioneller_lebensmittel-152.html#attachments

Download am 10.08.2011

Diabetes Deutschland:

Diabetes-Zahlen:

http://www.diabetes-deutschland.de/aktuellesituation.html

Download am 21.08.2011

Informationsdienst für Ernährung - Food-Monitor

„Deutsche interessiert an Functional Food"

Erstellt am 13.04.2011.

http://www.food-monitor.de/2011/04/deutsche-interessiert-an-functional-food-
2/themenfelder/kommunikation/

Download am 23.08.2011

Informationsdienst für Ernährung - Food-Monitor

„Energy drinks – Leistungsfähigkeit aus der Dose?"

Erstellt am 20.05.2010.

http://www.food-monitor.de/2010/05/energy-drinks-leistungsfaehigkeit-aus-der-
dose/lebensmittel/ratgeber/?zoom_highlight=energy+drink

Download am 25.08.2011

Informationsdienst für Ernährung - Food-Monitor

„Ernährungsexperten raten zum Verzicht von Pro- und Präbiotika für Säuglinge"

Erstellt am 06.03.2009.

http://www.food-monitor.de/2009/03/ernaehrungsexperten-raten-zum-verzicht-von-pro-
und-praebiotika-fuer-saeuglinge/themenfelder/ernaehrung-
gesundheit/#comments_controls

Download am 26.08.2011

Heinz, K. (2007): Die Health-Claims-Verordnung – Neue Chancen für den Vertrieb von
Nahrungsergänzungsmitteln. In Netcoo-Magazin 06.

http://www.health-claims-verordnung.de/resources/netcoo_HCVO+Artikel+DrH.pdf

Download am 11.08.2011

Schader-Stiftung:

„Wandel der Arbeitswelt: Lebenszeit ist Arbeitszeit?"

http://www.schader-stiftung.de/wohn_wandel/359.php

Download am 25.08.2011

Sonstige:

Albert, Michael (2011): Beitragsfolien zum Seminar „Physiologische Grundlagen von Gesundheit und Krankheit" zum Thema „Adipositas". Heidelberg ohne Datum.

Albert, Michael (2011): Beitragsfolien zum Seminar „Physiologische Grundlagen von Gesundheit und Krankheit" zum Thema „Osteoporose". Heidelberg ohne Datum.

Food-Monitor:

ACNielsen (2007) (Hrsg.): „Dicke" nehmen's leicht ..., Gespeicherter Artikel von www.food-monitor.de , im Internet nichtmehr verfügbar. Frankfurt am Main, 26. Juli 2007.

Methfessel, Barbara (2011): Beitragsfolien zum Seminar „Ernährung, Bewegung und Stressbewältigung im gesellschaftlichen Wandel" zum Thema „Ernährung im gesellschaftlichen Wandel". Heidelberg am 06.07.2011.

Abbildungsverzeichnis:

Abbildung 1: Warenangebot funktioneller Lebensmittel in einem deutschen Supermarkt

(eigene Darstellung)

Ort: Marktkauf Asperg, Ruhrstraße 6

Datum: Fotografiert am 23.08.2011